本书受上海市教育委员会、上海科普教育发展基金会资助出版

地球的圈层

图书在版编目(CIP)数据
地球的圈层 / 顾洁燕主编. – 上海: 上海
教育出版社, 2016.12
（自然趣玩屋）
ISBN 978–7–5444–7328–6

Ⅰ. ①地… Ⅱ. ①顾… Ⅲ. ①地球 – 青少年读物
Ⅳ. ①P183–49

中国版本图书馆CIP数据核字(2016)第287969号

责任编辑 芮东莉
黄修远
美术编辑 肖祥德

地球的圈层
顾洁燕 主编

出　版 上海世纪出版股份有限公司
上 海 教 育 出 版 社
易文网 www.ewen.co
地　址 上海永福路123号
邮　编 200031
发　行 上海世纪出版股份有限公司发行中心
印　刷 苏州美柯乐制版印务有限责任公司
开　本 787 × 1092 1/16 印张 1
版　次 2016年12月第1版
印　次 2016年12月第1次印刷
书　号 ISBN 978-7-5444-7328-6/G·6037
定　价 15.00元

目录

CONTENTS

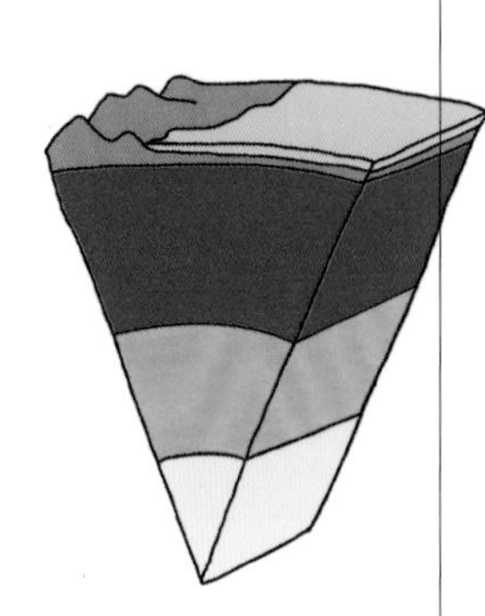

运动的蓝色行星

你知道吗，地球形成之初，是一颗灼热的红色球体，火山喷发释放出的玄武岩浆形成了地球原始的地壳。经过46亿年的岁月洗礼之后，如今的地球气候稳定，拥有大量的液态水和适合生命繁衍的环境，是太阳系中的一颗蓝色行星，人类赖以生存的家园。

你相信吗，此刻，地球还处在运动变化之中。接下来，让我们走进地球的内外圈层，了解地球在平静中进行的不平静变化。

平静的地球

平静的地球可分为地球外圈和地球内圈两大部分。
地球外圈包括大气圈、生物圈和水圈；
地球内圈包括地壳、地幔和地核。

生命的摇篮

● 宇航员从天外鸟瞰大地时，看到地球被一层淡蓝色薄幕紧紧包裹，地球也被称为“蓝色星球”。你想过吗，为什么在太阳系的八大行星中，仅有地球能够孕育生命？答案可能不止一个哦！（　　）

A 地球是被太阳选中的行星

B 一个相对稳定的大气层

C 大量的水资源

D 合适的温度

● 这是因为地球与太阳之间的距离适宜，使得生命之源的水得以以液态形式存在，地球的温度不会像水星一般炙热。液态水和一个相对稳定的大气层，组成了生命的摇篮。

天地之间

● 天地之间即为地球外圈，包括大气圈、生物圈和水圈。大气圈又称大气层，包括因重力而围绕地球的一层混合气体，是地球最外部的气体圈层。水圈是由水构成的系统。生物圈是地球上的所有生物与其生存环境形成的统一整体，其范围大约为海平面上下垂直约10千米。

▶ 地球外圈

地下的奥秘

● 地壳是地球表面的一层薄壳，主要由岩石和矿物构成，它是地球固体地表构造的最外圈层。地幔介于地壳与地核之间。地核是地球的核心部分，又分为外地核和内地核两部分。学习了这些知识，现在请在下图标注出地球的内圈各部分。

▶ 地球内圈

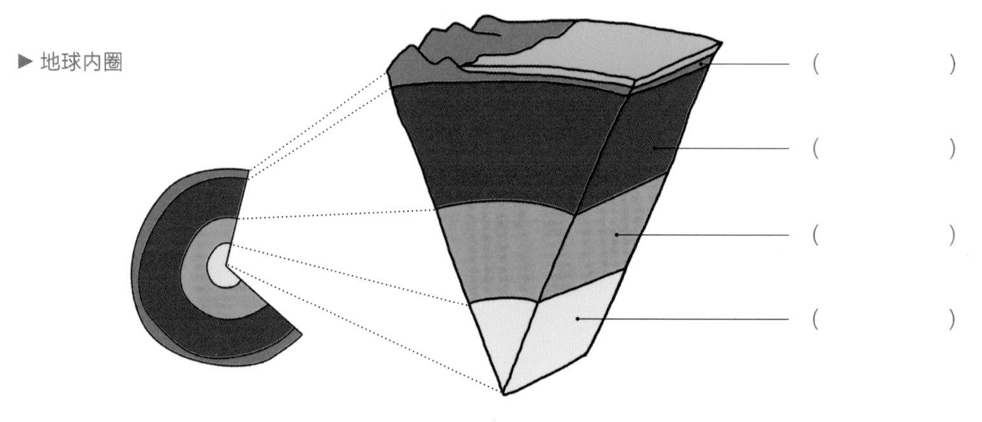

答案：从上至下依次为地壳、地幔、外地核、内地核。

不平静的地球

不一般的天空

- 大气圈是一个由内向外逐渐变薄的气体层。大气层的成分主要有氮气（占78.1%）、氧气（占20.9%）、氩气（占0.93%），还有少量的二氧化碳和稀有气体。大气层每天都为我们提供有效的保护。由于臭氧层的阻挡，只有一小部分紫外线可以到达地面。在平流层里，基本上没有水汽，晴朗无云，很少发生天气变化，适于飞机航行。

▲大气圈对地球的保护示意图

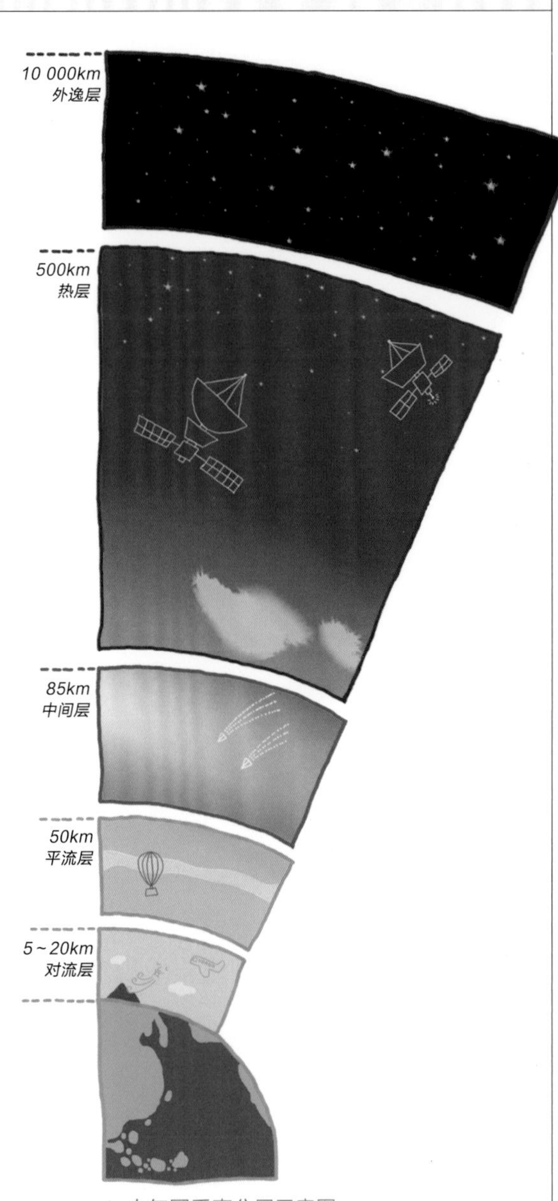

▲ 大气圈垂直分层示意图

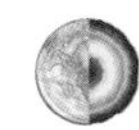

● 你知道天空的颜色吗？没错，是蔚蓝色。可你知道它为什么会是蓝色的吗？

▲ 蓝天下的上海陆家嘴建筑群

▲ 雾中的上海

人类喜欢蓝色，所以天空就是蓝色的

海洋太亮了，把颜色反射给天空

这是一个未解之谜

D

大气层散射的蓝光造成的

● 爱因斯坦在泰多尔和瑞利的研究基础上，发现当组成太阳光的红、橙、黄、绿、蓝、靛、紫7种光穿过大气层时，由于蓝光波长短于红光，故被空气分子和微粒散射的蓝光较多，因此晴天天空是蓝色的。如果空气中有雾或薄云存在时，这样的选择性散射就不存在。当不同波长的光被一同散射出去时，天空呈现出白茫茫的颜色，这就是令人讨厌的雾了。

试一试：光的散射

用手电筒照射一杯水，你在水中看见了哪些颜色？请把它们涂在下面：

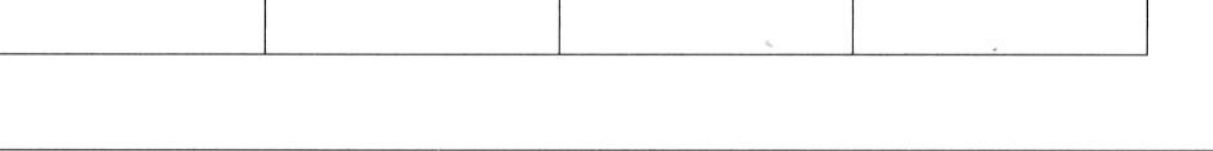

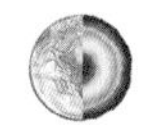

生生不息

● 根据现有化石证据，地球上第一次大规模的生命爆发事件发生在5.4亿～4.9亿年前，如今地球上已发生过五次生物大灭绝事件，最近的一次发生在约6500万年前的白垩纪末期，恐龙在地球上全部消失。那会不会有第六次生物大灭绝事件呢？人类又会在何时灭绝？

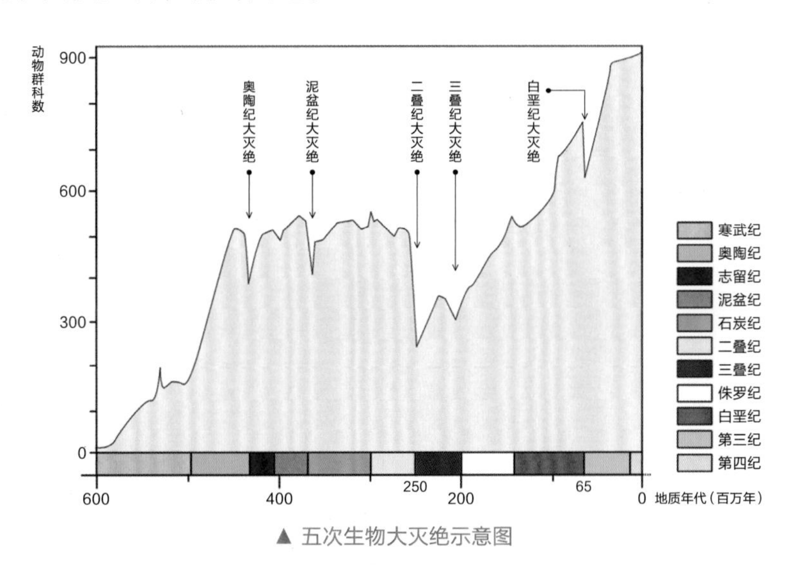

▲ 五次生物大灭绝示意图

● 生命奇迹般地在地球上顽强生存，不断有新物种出现，也不断有旧物种被淘汰。与灭绝的生物相比，有些活化石像银杏、水杉、鹦鹉螺、大熊猫和扬子鳄等，它们为什么能够幸运地存活下来？

查一查：活化石的生存宝典

__________（生物名）在__________（地质年代）出现，
因为____________________，所以存活下来。

__________（生物名）在__________（地质年代）出现，
因为____________________，所以存活下来。

__________（生物名）在__________（地质年代）出现，
因为____________________，所以存活下来。

__________（生物名）在__________（地质年代）出现，
因为____________________，所以存活下来。

水泽万物

● 水，是生命之源，在不同温度下，它会呈现三种形态。固态的水叫______；液态的水叫______；气态的水叫______。水普遍存在于空中、地表和地下，包括大气水、海水、陆地水（河、湖、沼泽、冰雪、土壤水和地下水），以及生物体内的生物水。这些水不停地循环运动，直接影响人类活动，也塑造着地球的表面。比如，河谷、溶洞、石林等地貌都是在流水侵蚀和溶蚀的作用下形成的。

● 太阳使得大量的海水蒸发，变成了看不见的水蒸气。水汽上升到了大气层中，冷凝形成水滴，水珠慢慢聚集形成更大更重的水滴，最终就会变成雨，滋润万物生长，而这些水大部分又会回到海洋中，这就是水循环。

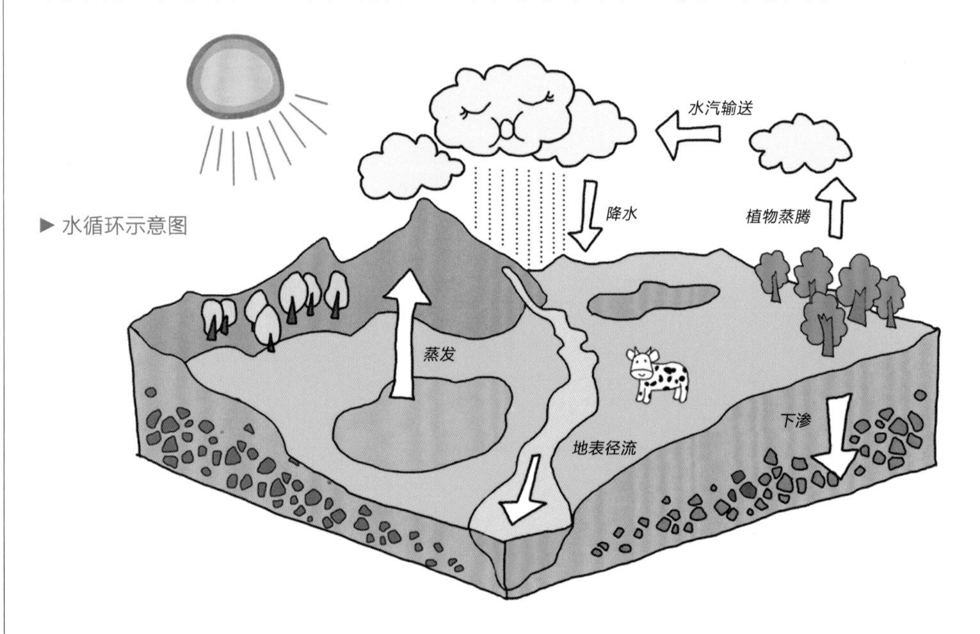

▶ 水循环示意图

● 难道说水是取之不尽，用之不竭的吗？其实，这句话不完全正确，虽然海洋占了地球表面的70%，水循环在不断进行，但可供人类日常生活使用的淡水却越来越少了！保护地球家园，从节约用水开始！

写一写

你知道哪些节约用水的方法？

可以 ______________ 来节约用水。

可以 ______________ 来节约用水。

可以 ______________ 来节约用水。

答案：固态的水叫“冰”；液态的水叫“水”；气态的水叫“水蒸气”。

调皮的板块

● 现在地球上共有太平洋板块、亚欧板块、美洲板块、非洲板块、印度洋板块、南极洲板块等六大板块，根据大陆板块构造说，它们曾经是一个整体。你知道吗，这六大板块竟然是造成地震和火山喷发的“罪魁祸首”！

● 地震，是人类最深入研究的自然现象之一。但对于何时何地会发生地震，依旧无法准确预知。我们已知的是地震常常会发生的地点。

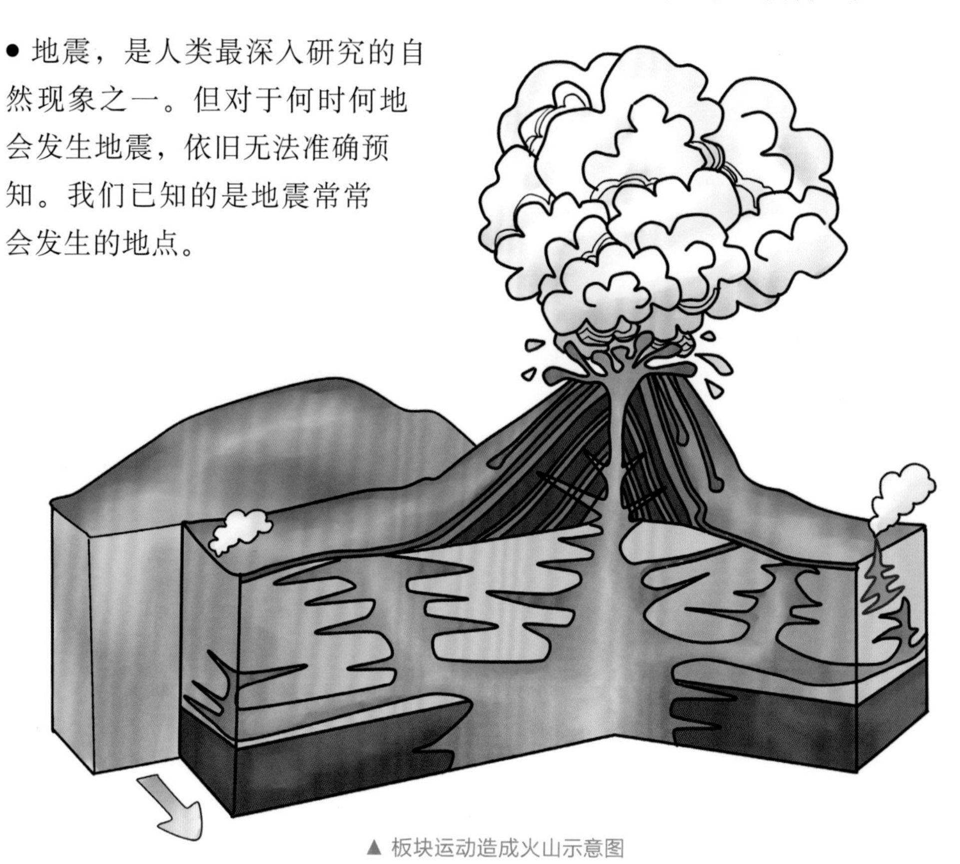

▲ 板块运动造成火山示意图

● 请上网查找1900年以来全球地震分布图和全球板块分布图，进行比较并推测地震发生地点的规律。我发现______________________________。

● 发现了吗，地震常常发生于大陆板块之间。地球在运动过程中，板块连续碰撞，边缘就会竖起。此过程会像弹簧被压缩后再次弹起时一样，释放出大量的能量，大地便开始震动。

查一查

近期在国内外发生的地震，位于哪些板块之间？请找一张全球地图，在上面画一画。

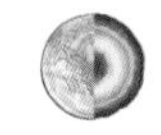

随处可见的宝藏

● 岩石和矿物是组成地球的重要物质。它们是非生命物质，却是人类的“好伙伴”，许多地方都离不开它们。比如，亮白坚固的牙齿就离不开它们。去看看牙膏的说明书，你是否发现牙膏里面含有氟？科学家们发现，适量的氟化物能有效预防龋齿。氟化物来自哪里？悄悄告诉你，萤石里就有氟噢！它就是一种矿物。

● 妈妈的首饰盒离不开它们。如象征永恒爱情的钻石，祈福安康的玉石，高贵典雅的红宝石、蓝宝石，还有汇聚能量的水晶，晶莹剔透的翡翠和玛瑙，这些宝石颜色鲜艳、光亮夺目，其实也都是矿物。

● 建筑上也用到了很多岩石。北京天安门广场上的华表是用汉白玉雕成的，世界文化遗产印度的泰姬陵、雅典的帕特农神庙是用大理石建造的，而公园里的健康步道则是用鹅卵石铺成的。

▲ 北京天安门与华表

● 矿物由一种或两种及以上化学元素组成，而岩石是矿物的集合体。岩石根据形成方式可以分为三种：岩浆岩、沉积岩和变质岩。

岩浆岩：又叫火成岩。形成于地底的高温岩浆，多数没有规律性的定向构造，如花岗岩。

沉积岩：又叫水成岩。形成于地表，最后在水体下堆积，慢慢成岩。很多含有化石。

变质岩：由岩浆岩和沉积岩通过变质作用形成，往往有独特的片理构造。

试一试：制作印模化石

材料：轻质黏土、贝壳、凡士林

1. 将贝壳印在轻质黏土上。
2. 把贝壳移开，在黏土表面涂抹凡士林，一个印模化石就完成了！

找一找

在我们身边，岩石随处可见，你都见过哪些？

这是____________________，

由____________（岩石名字）组成。

自然探索坊

挑战指数： ★★★☆☆

探索主题： 设计地球历险之旅

你要具备： 地球圈层构造与特点的基本知识

新技能获得： 动手能力、想象力和图文表现力

现在，你已经掌握了一些有关地球内圈的知识，让我们一起通过以下的小活动，走进地球内部。

煮个“地球内圈”

- 煮一个鸡蛋，把它剖成两半，你发现了吗，它的层次和地球的内圈非常相似。

- 地球内圈分为：①__________；②__________；③__________。
- 从外到内，蛋壳像④________；蛋白像⑤________；蛋黄像⑥________。
- 地震发生在⑦__________；宝石主要集中在⑧__________。

答案：①地壳 ②地幔 ③地核 ④地壳 ⑤地幔 ⑥地核 ⑦地壳 ⑧地幔

捏个“地球圈层”

- 与小伙伴一起，准备绿色、黄色、橙色和红色的橡皮泥，做出地球剖面模型。绿色代表地壳，黄色代表地幔，橙色代表外地核，红色代表内地核。
- 用芝麻代表化石，让它们分布在地壳中；用小水钻代表矿物，让它们分布在地壳和地幔中。

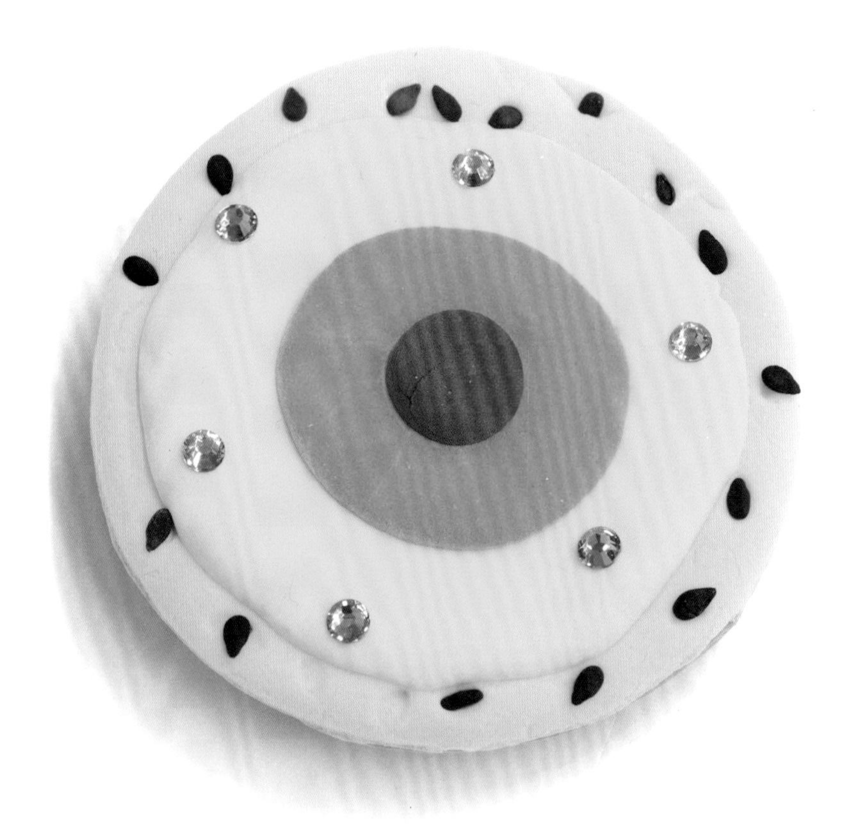

▲ 地球内圈剖面模型

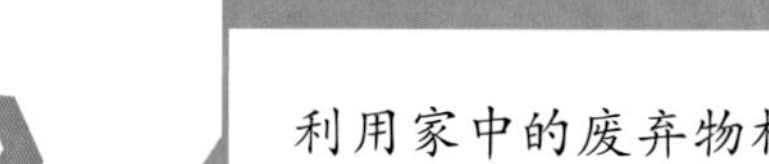

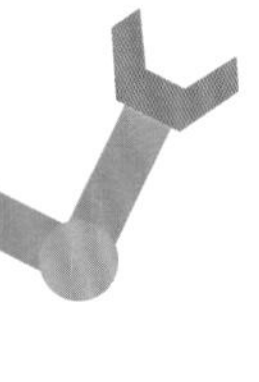

动动手

利用家中的废弃物材料，继续模拟搭建生物圈、大气圈等地球外圈，做出一个完整的地球圈层模型。

地球历险旅行宣传单

● 现在，你已经拥有了一个地球圈层模型，对照着它，设计一个地球历险旅行方案吧！别忘了介绍地球圈层的组成情况，说说会在每一层遇到什么，或是找到什么。

奇思妙想屋

模拟火山喷发

● 虽然我们不一定能见到真实的火山喷发，但我们可以利用一些生活中的材料，自己“建造”一座活火山，让我们一起动手模拟一次火山喷发吧！将你的作品分享到上海自然博物馆官网以及微信“兴趣小组—自然趣玩屋”，和大家一起分享你的创意吧！

你可能会用到的材料：

- □ 可以造型用的黏土或石膏
- □ 饮料罐或玻璃罐
- □ 红色食用染料或紫甘蓝
- □ 醋　□ 食用小苏打
- □ 一块卡纸板或胶合板

白醋、紫甘蓝汁

紫甘蓝汁倒入醋中，制造“红色火山熔岩”

将小苏打粉倒入“红色火山熔岩”

“火山爆发”进行中

制作步骤：

1. 找一张白纸或者废旧报纸作为底座。
2. 在底座上安放一个敞口小罐，模拟“火山口”。
3. 在白醋里混合一些红色的食用色素(红色色素也可以用紫甘蓝汁代替。将紫甘蓝剪成条，然后在水中煮5～10分钟制成紫甘蓝汁)，并倒入“火山口”。
4. 用纸巾包裹一些食用小苏打。
5. 将包裹好的小苏打丢入“火山口”，迅速离开桌面。
6. 观察火山喷发现象。

建议：可以在第二步后用黏土捏制一个火山模型罩在小罐子外面，这样就更像一座火山了。